GROSS AND DISGUSTING THINGS
COSAS ASQUEROSAS

GROSS AND DISGUSTING ANIMALS
ANIMALES ASQUEROSOS

A Crabtree Branches Book
Un libro de Las Ramas de Crabtree

Julie K. Lundgren
Translated by/Traducción de: Santiago Ochoa

Crabtree Publishing
crabtreebooks.com

School-to-Home Support for Caregivers and Teachers

This high-interest book is designed to motivate striving students with engaging topics while building fluency, vocabulary, and an interest in reading. Here are a few questions and activities to help the reader build upon his or her comprehension skills.

Before Reading:

- *What do I think this book is about?*
- *What do I know about this topic?*
- *What do I want to learn about this topic?*
- *Why am I reading this book?*

During Reading:

- *I wonder why...*
- *I'm curious to know...*
- *How is this like something I already know?*
- *What have I learned so far?*

After Reading:

- *What was the author trying to teach me?*
- *What are some details?*
- *How did the photographs and captions help me understand more?*
- *Read the book again and look for the vocabulary words.*
- *What questions do I still have?*

Extension Activities:

- *What was your favorite part of the book? Write a paragraph on it.*
- *Draw a picture of your favorite thing you learned from the book.*

Apoyos de la escuela a los hogares para cuidadores y maestros

Este libro de gran interés está diseñado con temas atractivos para motivar a los estudiantes, a la vez que fomenta la fluidez, el vocabulario y el interés por la lectura. Las siguientes son algunas preguntas y actividades que ayudarán al lector a desarrollar sus habilidades de comprensión.

Antes de leer:

- *¿De qué creo que trata este libro?*
- *¿Qué sé sobre este tema?*
- *¿Qué quiero aprender sobre este tema?*
- *¿Por qué estoy leyendo este libro?*

Durante la lectura:

- *Me pregunto por qué...*
- *Tengo curiosidad por saber...*
- *¿En qué se parece esto a algo que ya conozco?*
- *¿Qué he aprendido hasta ahora?*

Después de la lectura:

- *¿Qué intentaba enseñarme el autor?*
- *¿Qué detalles recuerdo?*
- *¿Cómo me han ayudado las fotografías y los pies de foto a comprender mejor el libro?*
- *Vuelvo a leer el libro y busco las palabras del vocabulario.*
- *¿Qué preguntas me quedan?*

Actividades de extensión:

- *¿Cuál fue tu parte favorita del libro? Escribe un párrafo al respecto.*
- *Haz un dibujo de lo que más te gustó del libro.*

TABLE OF CONTENTS

ÍNDICE

DON'T LOOK AWAY

NO MIRES HACIA OTRO LADO

Feeling brave? Discover creatures so gross, disgusting, and amazing, you can't look away. Check out animals with weapons of destruction and death, disgusting defenses, and offspring only a mother could love.

¿Te crees valiente? Descubre criaturas tan asquerosas, repugnantes y sorprendentes que no podrás apartar la vista. Contempla estos animales provistos con armas de muerte y destrucción, defensas repugnantes y crías que solo una madre podría amar.

Sea lampreys attach to other fish and slowly kill them over several months.

Las lampreas de mar se adhieren a otros peces y a lo largo de varios meses los van matando lentamente.

Sea lampreys are like vacuums with teeth. They bite and suck blood and juices from victims.

Las lampreas de mar son como aspiradoras con dientes. Muerden y absorben la sangre y los jugos de las víctimas.

EEW!
Epic Extreme Weirdness (EEW) exists everywhere!

¡REE!
¡La Rareza Extrema y Épica (REE) existe en todas partes!

The bird-dung crab spider has a wet look, like a fresh load of poop...

La araña cangrejo-estiércol de ave tiene un aspecto húmedo, como la caca fresca...

...or a dry look, like it's been there a while.

o un aspecto seco, como si llevara un tiempo ahí.

giant swallowtail caterpillar

oruga gigante de cola de golondrina

Predators pass by animals that look like poop. Crud **camouflage** helps poop imposters ambush their prey, too.

Los depredadores también se hacen pasar por caca. El **camuflaje** de la caca también ayuda a los impostores a emboscar a sus presas.

bird poop frog

rana caca de pájaro

HORROR SHOW
ESPECTÁCULO DE TERROR

Disturbing creatures live underwater, underground, and in extreme environments of all kinds. With their fantastically disgusting looks, they could star in monster movies!

Criaturas inquietantes viven bajo el agua, bajo tierra y en entornos extremos de todo tipo. Con su aspecto fantásticamente repugnante, ¡podrían protagonizar una película de monstruos!

Algae form a living hairstyle atop the Mary River turtle.

Las algas forman un peinado viviente sobre la tortuga del río Mary.

Decorating with the Dead

After eating its insect prey, a junk bug adds the leftover corpses to the pile on its back.

Decorar con los muertos

Después de comer a su presa insecto, un bicho chatarra añade los sobrantes del cadáver a la pila de su lomo.

Speaking of stars, what if you had a nose shaped like a star? The star-nosed mole basically has a hand with 22 fingers attached to its face.

Hablando de estrellas, ¿qué pasaría si tuvieras una nariz con forma de estrella? El topo de nariz estrellada tiene básicamente una mano de 22 dedos pegada a su cara.

Star-nosed moles tunnel underground, searching for prey by touch and smell in the dark.

Los topos de nariz estrellada hacen un túnel bajo tierra, mediante el tacto y el olfato buscan presas en la oscuridad.

In the Dark

Cave centipedes creep and crawl under cover of darkness.

En la oscuridad

Los ciempiés de las cuevas se arrastran y reptan al amparo de la oscuridad.

Meet some masters of slime. Sea hares eat **algae** to make **toxic** slime.

Conoce a algunos amos de la baba. Las liebres de mar comen **algas** para hacer baba **tóxica.**

Sea hares squirt clouds of purple dye to escape predators.

Las liebres de mar lanzan nubes de tinta púrpura para escapar de los depredadores.

Parrotfish sleep inside a bubble of their own snot.

Los peces loro duermen dentro de una burbuja de sus propios mocos.

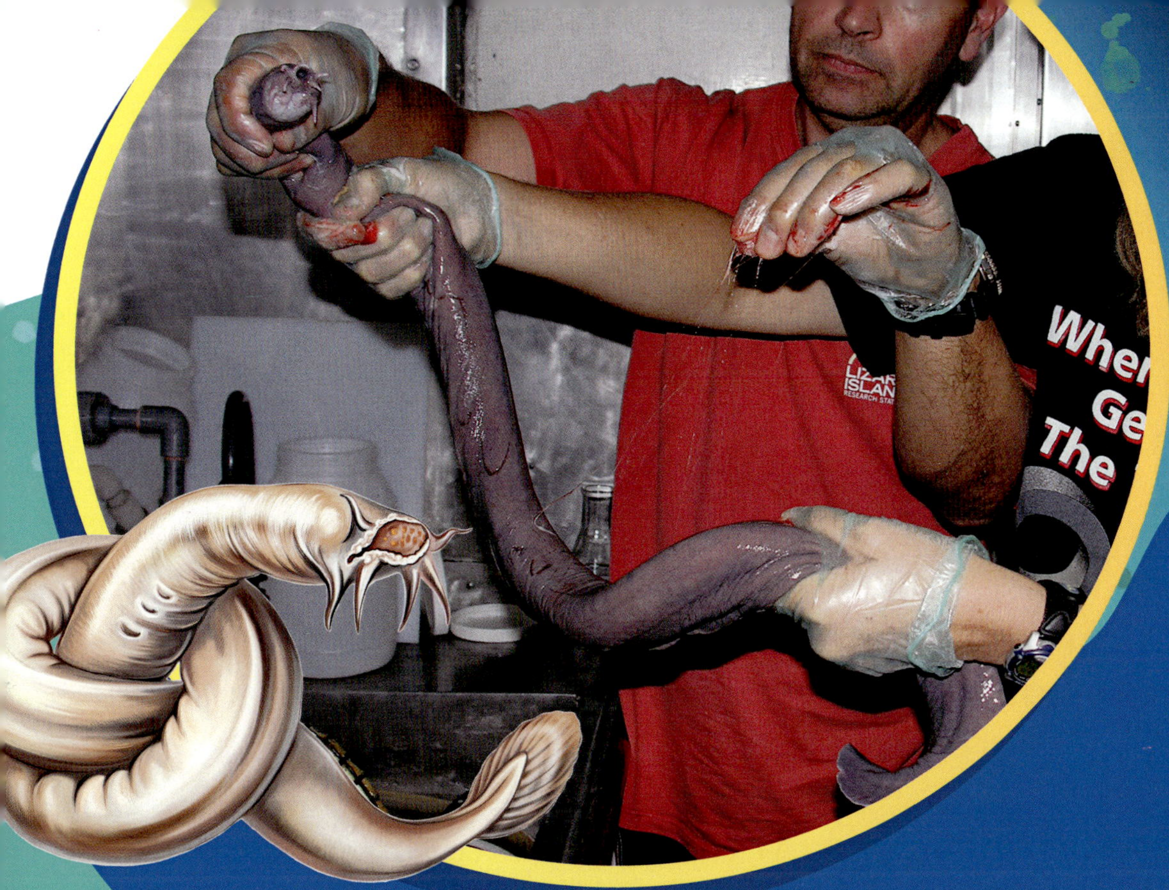

Oozy Greatness

Hagfish make buckets of ooze. In 2017, a semi-truck full of live hagfish crashed, coating the road and cars with thick slime and slithering fish.

Grandeza babosa

Los peces bruja hacen baldes de baba. En 2017, un camión lleno de peces bruja vivos se estrelló, cubriendo la carretera y los autos de baba espesa y peces resbalosos.

DISGUSTING DINING

CENA ASQUEROSA

Which animal is a Monster Chef? Camel spiders chop and slice flesh, flood it with digestive juices, then slurp up the soup.

¿Qué animal es un Chef Monstruoso? Las arañas camello cortan y rebanan la carne, la ahogan con jugos digestivos y luego sorben la sopa.

Camel spiders, or wind scorpions, use their huge, powerful jaws to saw up prey.

Las arañas camello o escorpiones del viento, utilizan sus enormes y poderosas mandíbulas para serrar a sus presas.

Camel spiders eat insects, rodents, and lizards, not people.

Las arañas camello comen insectos, roedores y lagartijas, no personas.

Craving a warm meal? Cave roaches love to feast on a pile of fresh bat **guano.** If a bat corpse happens to fall in, that only makes it better.

¿Tienes antojo de una comida caliente? A las cucarachas de las cuevas les encanta darse un festín con montones de **guano** de murciélago. Si un cadáver de murciélago cae en él, eso solo lo hace mejor.

Scavengers like cave roaches clean up leftovers.

Los animales carroñeros, como las cucarachas de las cuevas, limpian las sobras.

EEW!

Imagine spreading your poop around to attract beetles to eat, like the burrowing owl does. Yum?

¡REE!

Imagínate esparcir tu caca para atraer escarabajos y comértelos, así hace el búho de madriguera. ¿Yumi?

Freaky weapons help animals capture dinner. The aye-aye taps trees with its long middle finger, listening for grubs inside. It uses that same finger to reach deep into the tree to hook and pull out the grub. Knock, knock, creepy crawly!

Hay armas extrañas que ayudan a los animales a capturar su cena. El aye-aye golpea los árboles con su largo dedo medio y escucha a las **larvas** que hay adentro. Utiliza ese mismo dedo para llegar a lo profundo del árbol, enganchar y sacar a la larva. Toc, toc, ¡es un lémur espeluznante!

Aye-ayes are lemurs with fingers like fishing poles.

Los aye-ayes son lémures con dedos que parecen varas de pescar.

EEW!

To lure prey, the hairy frogfish has a body part sticking out from its forehead that looks like a wiggling, tasty worm.

¡REE!

Para atraer a su presa, el pez rana peludo tiene una parte del cuerpo que sobresale de su frente. Parece un sabroso gusano que se retuerce.

BLOOD, GUTS, AND A GHASTLY STINK

SANGRE, VÍSCERAS Y UN OLOR ESPANTOSO

Animal defenses can be insanely gross! Sea cucumbers fart their guts out their butts to scare away predators. Later, they grow new parts.

¡Las defensas de los animales pueden ser increíblemente asquerosas! Los pepinos de mar expulsan las tripas por sus traseros para ahuyentar a los depredadores. Después, les crecen nuevas.

sea cucumber

pepino de mar

To escape predators, some horned lizards spurt streams of blood from their eyes.

Para escapar de los depredadores, algunos lagartos cornudos lanzan chorros de sangre por sus ojos.

Some sea cucumbers bomb pesky predators with special sticky organs. The sea cucumbers make more in 2 to 3 weeks.

Algunos pepinos de mar bombardean a molestos depredadores con órganos pegajosos. A los pepinos de mar les crecen órganos nuevos en 2 o 3 semanas.

Who is the ultimate butt bomber? The **bombardier** beetle's spray smells and tastes so bad, a toad that eats one will pop its stomach inside out to dump out the beetle.

¿Quién tiene el trasero **bombardero** por excelencia? El líquido rociado por el escarabajo bombardero huele y sabe tan mal, que el sapo que intente comerlo volteará su estómago con tal de expulsar al escarabajo.

Bombardier beetles rotate their rears to aim and fire off a spray of acid.

Los escarabajos bombarderos giran sus traseros para apuntar y disparar un ácido en aerosol.

Fulmar chicks spew stinky, harmful fish smoothies at enemies.

Los polluelos de fulmar vomitan pescado apestoso y dañino a sus enemigos.

Other animals defend by stench, too. **Opossums** poop super smelly green **mucus.** Giant African millipedes make a strong spray that comes out of each segment of their bodies. Clear the room!

Otros animales también se defienden con su hedor. Las **zarigüeyas** defecan una **mucosa** verde súper olorosa. Los milpiés africanos gigantes producen un fuerte aerosol que sale de cada segmento de su cuerpo. ¡Sal de la habitación!

The toxic and stinky spray from giant African millipedes can kill a mouse!

El tóxico y apestoso aerosol de los milpiés africanos ¡puede matar a un ratón!

opossum
zarigüeya

GRUESOME OFFSPRING

CRÍAS HORRIBLES

Ready for more? More is where we're headed next with disgusting animal offspring. Burying beetles lay their eggs in dead mice. The mother beetle eats the mouse, then pukes to feed the hatched **larvae.**

¿Estás preparado para más? Porque a continuación conoceremos a horribles crías de animales. Los escarabajos enterradores ponen sus huevos en ratones muertos. La madre escarabajo se come al ratón y luego lo vomita para alimentar a las larvas recién nacidas.

If there isn't enough food to go around, the burying beetle will eat her own larvae.

Si no hay suficiente comida para llevar, el escarabajo enterrador se come a sus propias larvas.

Major EEW!
The Surinam toad is the original hatchback. The mother toad carries her eggs on her back and they hatch out of her skin.

¡Gran REE!
El sapo de Surinam tiene un portaequipaje integrado. La madre sapo lleva sus huevos en el lomo y salen del cascarón de su piel.

Of course, poop features in this horror story. Blue bottle flies lay their eggs in dung, corpses, and garbage. The larvae eat their stinky but still nutritious homes.

Por supuesto, la caca aparece en esta historia de terror. Las moscas azules de botella ponen sus huevos en el estiércol, en cadáveres y en la basura. Después las larvas se comen sus apestosas aunque nutritivas casas.

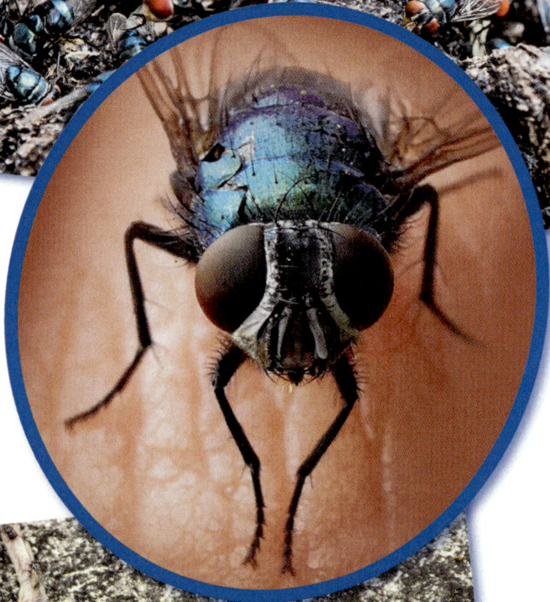

Scientists use the stage of larvae development to help determine how long a decaying body has been dead.

Los científicos observan el estado de desarrollo de las larvas para ayudar a determinar cuánto tiempo lleva muerto un cuerpo en descomposición.

What do you think of all this EEW? Animals may be gross and disgusting, but still awesome!

¿Qué opinas de todo este REE? Los animales pueden ser asquerosos y repugnantes, ¡pero aun así son increíbles!

Plot Twist!
Epomis beetle larvae look tasty to frogs. However, they latch onto the frog's tongue and inject a toxin that paralyzes and digests the frog.

¡Un giro en la historia!
Las larvas del escarabajo Epomis lucen sabrosas para las ranas. Sin embargo, éstas se aferran a la lengua de la rana y le inyectan una toxina que las paraliza.

GLOSSARY

algae (AL-jee): Aquatic plants that use sunlight to grow and are eaten by many animals

bombardier (bom-bar-DEER): An expert at aiming and launching bombs

camouflage (KAM-uh-flahzh): Colorations that help animals blend in or pretend to be something else

corpses (KORP-sihz): Dead bodies

guano (GWAH-no): Bat droppings, or poop

larvae (LAR-vee): In insects, the stage of development between egg and adult

mucus (MEW-kuss): Slimy substance produced by animals and humans

opossums (uh-PAH-sumz): Furry nocturnal animals about the size of a cat

paralyzes (PAIR-uh-lye-zihz): Causes an inability to move

toxic (TAHK-sick): Harmful, with the ability to sicken or kill

GLOSARIO

algas: Plantas acuáticas que utilizan la luz solar para crecer y que son consumidas por muchos animales.

bombardero: Un experto en apuntar bombas y lanzarlas.

cadáver: Cuerpo muerto.

camuflaje: Coloración que ayuda a los animales a pasar desapercibidos o a fingir que son otra cosa.

guano: Excremento o caca de murciélago.

larvas: En los insectos, etapa de desarrollo entre el huevo y el adulto.

mucosa: Sustancia viscosa producida por animales y humanos.

paraliza: Que causa incapacidad para moverse.

tóxica: Dañina, con capacidad de enfermar o matar.

zarigüeyas: Animales nocturnos y peludos del tamaño de un gato.

INDEX

ÍNDICE ANALÍTICO

WEBSITES TO VISIT
SITIOS WEB (PÁGINAS EN INGLÉS):

https://animals.net/nature-is-gross-four-disgusting-habits-of-four-interesting-animals

https://onekindplanet.org/top-10/top-10-worlds-smelliest-animals

https://zoo.sandiegozoo.org/animals-plants

ABOUT THE AUTHOR

Julie K. Lundgren grew up on the north shore of Lake Superior, a place of woods, water, and adventure. She loves bees, dragonflies, old trees, and science and has a special place in her heart for disgustingly cool animals. Her interests led her to a degree in biology and a lifelong curiosity about wild places.

ACERCA DE LA AUTORA

Julie K. Lundgren creció en la orilla norte del Lago Superior, un lugar con bosques, agua y aventura. Le encantan las abejas, las libélulas, los árboles viejos y la ciencia. Ella tiene un lugar especial en su corazón para los animales repugnantes pero geniales. Sus intereses la llevaron a obtener una licenciatura en Biología y una permanente curiosidad por los lugares salvajes.

Crabtree Publishing

crabtreebooks.com 800.387.7650

Written by/Escrito por: Julie K. Lundgren
Designer/Diseñadora: Jennifer Dydyk
Editor/Editora: Tracy Nelson Maurer
Proofreader/Correctora de pruebas: Melissa Boyce
Translated by/Traducción de: Santiago Ochoa
Spanish-language copyediting and proofreading/
Maquetación y corrección en español: Base Tres

Hardcover 978-1-0398-6920-2
Paperback 978-1-0398-6899-1
Ebook (pdf) 978-1-0398-6941-7
Epub 978-1-0398-6962-2

Library and Archives Canada Cataloguing in Publication
Available at the Library and Archives Canada

Library of Congress Cataloging-in-Publication Data
Available at the Library of Congress

Published in Canada
Publicado en Canadá
Crabtree Publishing
616 Welland Avenue
St. Catharines, Ontario
L2M 5V6

Published in the United States
Publicado en los Estados Unidos
Crabtree Publishing
347 Fifth Avenue
Suite 1402-145
New York, NY 10016

Photographs/Fotografías: Cover photo © Laura Dts, cover splat art on cover and throughout © SpicyTruffel, page 4 © Nicolas Primola, page 5 (top) © Gena Melendrez, (bottom) © Olga_Serova, page 6 (top) © Pong Wira, (bottom) © Alen thien, page 7 (top) © Brian Magnier, (bottom) © Rosa Jay, page 8 © Rob D the Baker, page 9 © SIMON SHIM, page 10 (top) © VetraKori, (bottom) © Agnieszka Bacal, page 11 © CPbackpacker, page 12 (top) © scubaluna, page 13 (bottom) © Liliya Butenko, page 14 and page 15 (top © Dr.MYM, page 15 (bottom) © Ondrej Michalek, page 16 © lanaid12, page 17 (top) © Maximillian cabinet, (bottom) © Don Mammoser, page 18 © Dan Tiego, page 19 © Jack PhotoWarp, page 20 © Richard Whitcombe, page 21 (top) © Milan Zygmunt, illustration © Sergey Mikhaylov, (bottom photo) © Ethan Daniels, page 22 photo © THE PICTURE RESEARCHER, slime illustration © Arcady, page 23 (top) photo © By KASIRA SUDA, illustration inside inset © Blue Door Education, SPLAT illustration © ByeByeSSTK, (bottom) photo © Nick Pecker, page 24 photo © Wandel Guides, illustration © ianlusung, page 25 © Lisa Hagan, opossum illustration © Bistraffic, poop illustration © Arcady, page 26 © Tobyphotos, page 27 (top) © Dan Olsen, (bottom) © Jason Patrick Ross, page 28 (top) © Avaniks, (center) © Be Shearer, (bottom) © Ton Bangkeaw. All images from Shutterstock.com except page12 parrotfish © Igor Cristino Silva Cruz (Wikipedia) https://creativecommons.org/licenses/by-sa/4.0/deed.en, page 13 Scientists photo courtesy of NOAA, page 29 © Wizen G, Gasith A https://creativecommons.org/licenses/by/3.0/deed.en

Printed in Canada/Impreso en Canadá
012025/CP20250101